**Marie Tolkemit**

# Aspekte der Bioenergie

GRIN Verlag

**Bibliografische Information der Deutschen Nationalbibliothek:**

Die Deutsche Bibliothek verzeichnet diese Publikation in der Deutschen National-
bibliografie; detaillierte bibliografische Daten sind im Internet über http://dnb.d-
nb.de/ abrufbar.

**Impressum:**

Copyright © 2009 GRIN Verlag GmbH
Druck und Bindung: Books on Demand GmbH, Norderstedt Germany
ISBN: 978-3-640-98819-8

**Dieses Buch bei GRIN:**

http://www.grin.com/de/e-book/177312/aspekte-der-bioenergie

**GRIN - Your knowledge has value**

Der GRIN Verlag publiziert seit 1998 wissenschaftliche Arbeiten von Studenten, Hochschullehrern und anderen Akademikern als eBook und gedrucktes Buch. Die Verlagswebsite www.grin.com ist die ideale Plattform zur Veröffentlichung von Hausarbeiten, Abschlussarbeiten, wissenschaftlichen Aufsätzen, Dissertationen und Fachbüchern.

**Besuchen Sie uns im Internet:**

http://www.grin.com/

http://www.facebook.com/grincom

http://www.twitter.com/grin_com

Fachbereich 09

Institut für Agrarpolitik und Marktforschung

Senckenbergstr. 3, 35390 Gießen

# BP 58 Welternährungswirtschaft

Sommersemester 2008

# Aspekte der Bioenergie

Verfasser : Marie Tolkemit

Gießen, 22.06.2009

# Abstract

Die Endlichkeit fossiler Energieträger zwingt zur Schaffung neuer Energiequellen. Eine neue regenerative Energiequelle ist Bioenergie, die 10% am weltweiten Primärenergieverbrauch stellt.

In der folgenden Arbeit wurden verschiedene Aspekte der Bioenergie beleuchtet und die Ursachen der Konkurrenz zwischen dem Nahrungsmittel- und Bioenergiemärkt untersucht. Als Refferenz für die Analyse dienten Daten von renomierten Forschungsinstituten und Organisationen die sich mit den Bereichen Lebensmittelsicherheit, Bevölkerungswachstum sowie Markt- und Preisentwicklungen beschäftigen.

In den letzten Jahren gab es einen enormen Bioenergieboom, verursacht durch die wachsende Nachfrage nach Energie, weltweit steigende Energiepreise, den Abbau von Preisstützen für Lebensmittel auf den Agrarmärkten, den Bedenken auf Grund der globalen Erwärmung sowie Fördermaßnahmen für Bioenergie. Zwischen dem Bioenergie- und dem Nahrungsmittelmarkt herrscht auf Grund begrenzter Agrarflächen Flächenkonkurrenz. Langristig ist zu erwarten, dass auf den vorhandenen Arealen Nahrungsmittel angebaut werden, auf Grund der rasant wachsenden Bevölkerung. Möchte man dennoch ein Nebeneinander von Bioenergie und Nahrungsmitteln gewährleisten müssen einige Grundlagen erfüllt sein, die im Rahmen der folgenden Arbeit näher beschrieben werden.

# Inhaltsverzeichnis

# Abkürzungsverzeichnis

| | |
|---|---|
| Abb. | Abbildung |
| BMELV | Bundesministerium für Ernährung, Landwirtschaft und Verbraucherschutz |
| BMU | Bundesministerium für Umwelt, Naturschutz und Reaktorsicherheit |
| BMWi | Bundesministerium für Wirtschaft und Arbeit |
| BMZ | Bundesministerium für wirtschaftliche Zusammenarbeit und Entwicklung |
| bpb | Bundeszentrale für politische Bildung |
| EU | Europäische Union |
| FAO | Food and Agriculture Organization of the United Nations |
| IEA | International Energy Agency |
| IFPRI | International Food Policy Research Institute |
| OECD | Organisation for Economic Co-operation and Development |
| UN | United Nations |

# 1. Einleitung

„Biosprit macht Lebensmittel teurer" (Grimm, Sonntag, 2007) heißt es im September 2007 in der Sendung FAKT des ARDs „Die Produktion von Biosprit treibt des Maispreis an" (Schmidt, 2008) lautet eine Schlagzeile der Süddeutschen Zeitung im Februar letzten Jahres und auch Anfang dieses Jahres ist auf der Homepage der „Welt" zu lesen „Biosprit treibt Preis für Nahrung in die Höhe"(Tangermann, 2009). Die Konkurrenz von Lebensmitteln und Bioenergie ist ein aktuell heiß diskutiertes Thema und stellt einen bedeutenden Aspekt der Bioenergie dar. In der folgenden Arbeit werden verschieden Aspekte der Bioenergie vorgestellt, wobei der Fokus auf Rolle der EU gelegt wird. Zu Beginn wird der Begriff Bioenergie definiert und anschließend geklärt, welche Rolle Bioenergie bei der weltweite Energieversorgung spielt. Es folgt der Punkt Bioenergiearten, der Sektor Biokraftstoffe wir hier besonders umfangreich behandelt, da dieser am bedeutendsten ist. Zugleich wird dargestellt, welche Rolle die EU in internationalen Vergleich bei der Bioenergieproduktion spielt. Die Darstellung der Sektoren Strom- und Wärmeproduktion würde den Umfang dieser Hausarbeit sprengen.

Im weiteren Verlauf werden nun die Gründe des Bioenergiebooms analysiert, indem die Entwicklungen auf den Energie- und Lebensmittelmärkten auf der Nachfrage- und Angebotsseite dargestellt werden. An dieser Stelle wird demonstriert wie steigende Preise auf den Rohölmärkten die Situation auf den Bioenergiemärkten beeinflussen. Zugleich wird geklärt, welchen Einfluss die Bioenergieproduktion auf die Nahrungsmittelpreise hat und wodurch die Konkurrenz von Nahrungsmittel- und Bioenergieproduktion verursacht wird. Dabei wird auch auf Beschlüsse der EU- Agrarpolitik sowie Politikmaßnahmen zur Bioenergieförderung weltweit sowie innerhalb der EU eingegangen.

Das Ende bildet ein Ausblick in die Zukunft, in dem die künftige Rolle der Bioenergie präsentiert wird. Dabei soll geklärt werden, wie sich der Sektor Bioenergie entwickelt und ob es möglich ist Bioenergie zu produzieren und gleichzeitig die Nahrungsmittelsicherheit zu gewährleisten.

## 2. Definition Bioenergie

Im folgenden Kapitel wird der Begriff Bioenergie definiert, anschließend wird die Bedeutung von Bioenergie im Bezug auf die weltweite Energieversorgung analysiert; die Vorstellung der bedeutendsten Bioenergiearten bildet den Abschluss des Kapitels.

Der Begriff Bioenergie beschreibt die energetische Nutzung des erneuerbaren Energieträgers Biomasse. Biomasse umfasst im erweiterten Sinne alle Stoffe organischer Herkunft (d.h. kohlenstoffhaltige Substanzen). Zu diesen zählen:

- Energieträger aus Phyto-und Zoomasse,
- deren Folge- und Nebenprodukte
- und die sich daraus ergebenden Rückstände und Abfälle.

Innerhalb der Biomasse ist eine Unterteilung in Primär- und Sekundärprodukte möglich. Unter *Primärprodukten* versteht man jegliche, durch Photosynthese erzeugte organische Materie, dazu gehören die gesamte Pflanzenmasse (landwirtschaftliche und forstwirtschaftliche Energiepflanzen), pflanzliche Rückstände und Abfälle aus den Bereichen Land- und Forstwirtschaft, Industrie und Haushalten. *Sekundärprodukte* entstehen durch den Um- und Abbau von Primärprodukten, in höhere Lebewesen. Dazu zählen die Zoomasse und deren Exkremente sowie Klärschlamm. (Kaltschmitt, 2006, S.645; Umweltbundesamt, 2009)

### 2.1. Bedeutung von Bioenergie weltweit

Nach Daten des Bundesministeriums für Wirtschaft und Technologie beträgt der Energieverbrauch im Jahr 2006 491,5 Exajoule (EJ) weltweit und 76,3 Exajoule (EJ) in der EU 27. Im weltweiten Kontext sind nach wie vor fossile Kraftstoffe die dominierende Energiequelle (siehe Abb. 1). Der Anteil der erneuerbaren Energien beträgt 2006, nur 12,9% weltweit, in der EU gerade einmal 7,3% am Weltverbrauch. Bioenergie ist jedoch nur ein Teil der erneuerbaren Energien und beträgt im Jahr 2004 laut dem IEA weltweit etwa 10% des Energieverbrauchs (siehe Abb. 2). Der Anteil von Energie aus Biomasse am Weltenergieverbrauch hat sich in den letzten Jahren kaum geändert (Wissenschaftlicher Beirat Agrarpolitik beim BMELV, 2007, S.4).

## 2.2.  Bioenergiearten

Bioenergie kann in die Bereiche Biokraftstoffe, Wärmeproduktion und Stromproduktion unterteilt werden. Da eine umfassende Beschreibung und Diskussion all dieser Bereiche sehr umfangreich ist, wird im Folgenden nur auf einige bedeutende Linien des Bereichs Biokraftstoffe eingegangen. Innerhalb der Biokraftstoffe werden Bioethanol und Biodiesel als Kraftstoffe der 1. Generation (Bioethanol und Biodiesel) sowie die Kraftstofflinie Biomass to Liquides, der 2. Generation vorgestellt.

*Bioethanol*

Als Bioethanol bezeichnet man Ethanol, der aus Biomasse gewonnen wird. Bioethanol kann auf Basis von

- zuckerhaltigen Pflanzen (Zuckerrohr, Zuckerrübe)
- stärkehaltigen Pflanzen (Getreide, Mais)
- cellulosehaltigen Pflanzen (Holz, Stroh)

erzeugt werden (Hartmann et al., 2002, S.118). Bioethanol wird durch Fermentation (alkoholische Gärung) des in den Pflanzen enthaltenen Zuckers, unter Zugabe von Hefekulturen gewonnen. Anschließend wird er gemäß DIN EN 15376 auf eine Reinheit von 99% aufkonzentriert (Schmitz et al, 2009, S.142). Im letzten Jahr wurden weltweit 17,35 Milliarden Gallonen Bioethanol produziert (RFA, 2008), das entspricht 65,62 Milliarden Liter Bioethanol. Die beiden Hauptproduzenten für Bioethanol sind die USA mit 51,9 % und Brasilien mit 37,3 % an der weltweiten Produktion. Die EU belegt Platz drei der Spitzenproduzenten für Bioethanol, leistet mit gerade einmal 4,46 % am Weltverbrauch, jedoch einen vergleichsweise geringen Anteil (eigene Berechnung auf Grundlage der Daten der RFA: Tabelle 1, 2008). Die Ursachen für diese Verteilung sind vor allem in den unterschiedlich hohen Produktionskosten für Bioethanol innerhalb der einzelnen Länder zu suchen. So liegen die Produktionskosten für Bioethanol, auf Basis von Getreide, in Europa im Jahr 2006 bei etwa 0,47 €/l (Henniges, 2007, S.55). In Brasilien wird Bioethanol auf Basis von Zuckerrohr zu viel geringeren Produktionskosten hergestellt. 2006 betragen die Vollkosten für brasilianisches Bioethanol etwa 0,20 €/l, die Transportkosten liegen dabei bei etwa 0,05 €/l (Isermeyer et al., 2005, S.108). In den USA gab es in den letzten Jahren bedeutende Fördermaßnahmen für den Ausbau der Produktionskapazitäten von Bioethanol, die maßgeblich für die weltweite Führungsposition der USA verantwortlich sind. Im Jahr 2002 wird das Farm Bill, ein Agrargesetz der USA erlassen, welches erstmals eine ganzheitliche Förderung des Biosektors vorsieht. Ein weiterer bedeutender politischer Schritt folgt 2007 mit dem „Energy

Independence and Security Act", ein Energiegesetz welches die Grundlage für den umfangreichen Ausbau erneuerbarer Energieträger schafft (Dipl.-Ing. Edith Klauser, 2008).

*Biodiesel*

Die EU erzeugt 71% der Weltproduktion an Biodiesel (Scott, 2009). Deutschland stellt dabei mit 3.775 Mio. Litern etwa die Hälfte der Produktionskapazitäten (BMU, 2008, S.12). In vielen Ländern hat es seit 2004 ein sehr starkes Produktionswachstum im Sektor Biokraftstoffe gegeben (Wissenschaftlicher Beirat Agrarpolitik beim BMELV, 2007, S.124). Biodiesel oder Fettsäuremethylester (FAME) kann laut der europäischen Norm DIN EN 14214 aus einer Vielzahl von Ölen und Fetten durch Veresterung gewonnen werden. Wird bei der Veresterung als Ausgangsstoff nur Rapsöl verwendet, spricht man von Rapsölmethylester (RME), dieser spielt in Europa und Deutschland eine bedeutende Rolle, da Raps hier die wettbewerbsstärkste Pflanze im Bereich der Ölproduktion ist (Fachagentur Nachwachsende Rohstoffe, 2008, S.28).

*Biomass to Liquids*

Der Sammelbegriff „Biomass-to-liquid" (BtL) umfasst verschiedene synthetische Biokraftstoffe. Zwei Verfahren, die sich noch in der Entwicklung befinden, scheinen besonders vielversprechend zu sein. Das erste Verfahren umfasst die Erzeugung von Synthesegas aus Biomasse. Dieses wird dann in weiteren Prozessschritten zu verschiedenen Kraftstoffen weiterverarbeitet. Das zweite Verfahren basiert auf der Herstellung von Bioethanol über enzymatischen Aufschluss von lignocellulosehaltigen Materialien (Stroh, Holz) und der sich anschließenden Vergärung des Celluloseanteils. Diese Verfahren haben gegenüber den Biokraftstoffen der 1. Generation den Vorteil, dass

(a) ein höherer Kraftstoffertrag je Hektar erzielt wird,

(b) die ganze Pflanze genutzt wird und nicht nur bestimmte Teile der Pflanze,

(c) ein breites Spektrum an Rohstoffen genutzt wird,

(d) wodurch eine direkte Konkurrenz zur Nahrungs-und Futtermittelproduktion vermieden wird, außerdem

(e) können hochwertige Kraftstoffe, sogenannte Designerkraftstoffe erzeugt werden, welche gezielt auf die Bedürfnisse von modernen Motoren ausgerichtet werden können.

Großtechnisch wurde die Synthesegaserzeugung aus Biomasse mit nachfolgender Konversion zu Kraftstoffen noch nicht realisiert, da in einigen Teilschritten der BtL-Synthese noch Entwicklungsbedarf besteht. Laut Expertenmeinungen ist daher in den nächsten 15 Jahren nicht mit einer nennenswerten Durchdringung des Kraftstoffmarktes mit synthetischen Kraftstoffen zu rechen (TAB, 2006, S. 94 ff.; Schmitz et al., 2009, S.146). BtL- Kraftstoffe werden vor allem in Europa gefördert, so ist bis 2015 ist eine Steuerbegünstigung der BtL-Kraftstoffe geplant (BMELV, 2009).

# 3. Die Gründe des Energiebooms

Die nachwachsende Nachfrage nach Energie, weltweit steigende Energiepreise, der Abbau von Preisstützen für Lebensmittel auf den Agrarmärkten und die Bedenken auf Grund der globalen Erwärmung sowie Fördermaßnahmen für Bioenergie sind die Schlüsselfaktoren für das zunehmende Interesse an erneuerbaren Energien. Im folgenden Kapitel werden die Ursachen für den weltweiten Energieboom analysiert, dabei wird zuerst auf die Situation auf den Energiemärkten analysiert und folgend konkrete Politikmaßnahmen zur Förderung von Bioenergie vorgestellt.

## 3.1.  Entwicklungen, Interaktionen zwischen Lebensmittel- und Energiemärkten

An dieser Stelle wird zuerst die Situation auf den Märkten beschrieben und anschließend anhand von Marktdiagrammen veranschaulicht.

*Entwicklungen auf den Energiemärkten*

Bis zum Ende des 19. Jahrhunderts wird der Primärenergieverbrauch größtenteils über Biomasse bereitgestellt (siehe Abb. 3). Die Sektoren Erdöl und Gas werden erst seit etwa 90 Jahren als Rohstoffe zur Energieerzeugung genutzt. Fossile Energieträger haben in den letzten Jahren 80% der Energie bereitgestellt. Erst vor etwa 30 Jahren wurden zusätzlich neue Energien in Form von Kernenergien und erneuerbaren Energien zur Deckung des wachsenden Energiebedarfs hinzugezogen. (Schmitz et al., 2009, S. 80). Der Primärenergie-Verbrauch ist seit 1925 enorm gestiegen und liegt 2006 bei 491,5 Exajoule (EJ) weltweit (siehe auch 2.1. Bedeutung von Bioenergie weltweit). Im globalen Maßstab wird davon ausgegangen, dass der Verbrauch an fossilen Energieträgern auch in den kommenden zwei bis drei Jahrzehnten deutlich ansteigt (siehe Abb. 4), die Gründe dafür sind der steigende Energie- und Rohstoffbedarf in wirtschaftlich aufstrebenden Regionen. (Deutsche Energie-Agentur GmbH, 2009). Mit dem steigenden Verbrauch an fossilen Energieträgern steigt auch der Rohölpreis. Im Juli 2008 erreicht der Rohölpreis einen Höchststand von 150 US$/Barrel, er sank dann bis Ende 2008 ab. Seit Beginn des Jahres 2009 ist wieder ein Anstieg zu verzeichnen, Mitte Juni liegt er bei etwa 70 US$/Barrel (siehe Abb. 5). Der Ölpreis wird langfristig steigen auf Grund der Endlichkeit fossiler Energieträger (siehe Abb. 6). Selbst dann, wenn der Erdölverbrauch in den nächsten Jahren konstant bleiben würde, wären die Ölbestände an konventionellem Erdöl in etwa 60 Jahren erschöpft und auch die Bestände an nicht-konventionellen Erdöl (Ölsande, Ölschiefer) wären etwa 80 Jahre später verbraucht. In der Realität ist mit steigenden Jahresverbräuchen zu rechnen, wodurch sich die Restnutzungszeit entsprechend vermindert (Wissenschaftlicher Beirat Agrarpolitik beim BMELV, 2007, S. 18 f.). Die Nachfrage nach Öl kann folglich nur noch auf bestimmte Zeit, bei steigenden Kosten gedeckt werden. Die Substitutivbeziehungen zwischen Ölmarkt und Biokraftstoffmarkt auf der Nachfrageseite führen zur Abwanderung der Nachfrager auf den Bioenergiemarkt, da dort der Erwerb von Kraftstoffen zu günstigeren Konditionen erfolgen kann. Auf Grund der steigenden Nachfrage auf dem Markt für Bio-energie erhöhen die Bioenergieproduzenten ihr Angebot an Bioenergie durch zusätzliche Produktion, Förderungen von Seite des Staates unterstützen diese Entwicklung zusätzlich (vgl. Gliederungspunkt 3.2). Folge ist der Bioenergieboom. Doch nicht nur die Entwicklungen auf den Kraftstoffmärkten sind ursächlich für den Boom, sondern auch die Entwicklungen auf den Nahrungsmittelmärkten, die im Folgenden beschrieben werden.

*Entwicklung auf den Nahrungsmittelmärkten*

Die Entwicklung auf den Nahrungsmittelmärkten lässt sich mit Hilfe des Preisindex für Nahrungsmittel der FAO (FAO Food Price Index) beschreiben. Dieser wird berechnet aus dem Durchschnitt von sechs Warengruppen-Preisindexen, gewichtet mit dem durchschnitt-lichen Exportanteilen von jeder der Gruppen im Zeitraum 1998-2000. Insgesamt werden die internationalen Preise von 55 repräsentativen Grundnahrungsmitteln in den Index mit ein-bezogen. Der Food Price Index unterliegt starken Schwankungen, vor allem in Krisenzeiten oder nach Kriegen sind starke Ausschläge zu beobachten (siehe Abb. 7). Im Zeitraum von 2000-2009 steigt der Preisindex langsam kontinuierlich an und erreicht im Juni letzten Jahres seinen Höchststand bei einem Wert von 214. Bis März dieses Jahres fällt er kontinuierlich und steigt ab April wieder leicht an auf derzeit 152 (Mai 2009) (Tabelle 2). Laut dem BMZ wird der Preis mittelfristig steigen (BMZ, 2008). Die Gründe für steigende Nahrungsmittelpreise sind vielfältig.

-   Ein Faktor ist das enorme *Bevölkerungswachstum* in den letzten Jahren (siehe Abb. 8), waren es 1950 noch 2,5 Milliarden Menschen auf der Erde, so sind es heute mehr als 6,8 Milliarden (UN, 2008, S. 1). Laut Prognosen der UN wird die Bevölkerung bis 2050 auf 9,2 Milliarden Menschen steigen (siehe Abb. 8). Mit dem Bevölkerungswachstum steigt auch die Nachfrage nach Lebensmittel um etwa 2 % jährlich, dies liegt vor allem an der zunehmenden Kaufkraft der Schwellenländer China und Indien.

-   Damit verbunden sind auch die *veränderten Essgewohnheiten*, wobei ein zunehmender Aufwärtstrend in den Bereichen Fleisch und Milch zu verzeichnen ist (BMZ, 2008). So ist etwa in China der Pro-Kopf-Verbrauch von 1980 bis 2007 um 30 Kilo gestiegen (BBC, 2008).

-   Die durch den *Klimawandel* bedingte Verschiebung von Regenzeiten und die damit ein-hergehende Verringerung von Niederschlagsmengen senken die Produktivität auf der

Südhalbkugel, wo viele Entwicklungsländer platziert sind. Wenn die globalen Temperaturen weiter ansteigen, werden sich die Bedingungen für die Landwirtschaft zunehmend verschlechtern, dies kann zu einem erneuten Anstieg der Nahrungsmittelpreise führen.

- Auf Grund *steigender Energiepreise* fallen auch höhere Kosten bei der Landbearbeitung und beim Transport an.

- Auch *mangelnde Investitionen in die landwirtschaftliche Produktivität* können an dieser Stelle genannt werden. Die Überschüsse der Industrieländer können durch Exportsubventionen günstig an die Entwicklungsländer verkauft werden. Dadurch sinken die Preise auf den lokalen Märkten auf ein sehr niedriges Niveau, mit dem die einheimische Wirtschaft der Entwicklungsländer nicht mithalten kann. Als Resultat investieren diese Länder nicht mehr in den Sektor Landwirtschaft und verlieren schließlich den Anschluss an die Produktivitätsentwicklung. Die Entwicklungsländer werden dann selbst zu Importländern für Nahrungsmittel, weil sich die inländische Produktion nicht mehr rentiert. Laut der FAO gibt es bereits 82 Länder mit zu geringer Nahrungsmittelproduktion.

- Im Rahmen der 3. Phase der EU-Agrarpolitik ab 2005 kommt es zum Abbau der Preisstützung und der Entkopplung der Direktzahlungen. Ziel ist eine unabhängige Preisbildung am Markt unabhängig von Direktzahlungen. Die Direktzahlungen werden als Betriebs- oder Flächenprämie unabhängig vom Anbauprogramm gezahlt. (Heißenhuber, 2008). Durch den Abbau der Preisstützen bekommen die Nahrungsmittelproduzenten weniger Geld. Der Landwirt muss nun entscheiden, ob es sich für ihn lohnt, weiterhin Nahrungsmittel auf der ihm zur Verfügung stehenden Fläche anzubauen oder ob ein Umstieg auf Bioenergieträger sinnvoller ist. Wenn er sich für den Anbau von Bioenergie entscheidet, weil dies auf Grund der steigenden Nachfrage nach Biokraftstoffen und der staatlichen Förderungen eventuell mehr Gewinn verspricht, wird er keine Nahrungsmittel anbauen. Bioenergie verdrängt dann den Anbau von Nahrungsmitteln. Folge sind Nahrungsmitteldefizite, diese führen wiederum zu Preissteigerungen am Lebensmittelmarkt. „Nach Berechnungen des IFPRI trägt die Agrarenergieproduktion je nach Produkt und Szenario bis 2020, z. B. für Mais, zwischen 26% und 72% zu den Preissteigerungen bei Lebensmitteln bei,, (BMZ, 2008, S.2). Momentan ist ein gefährlicher Trend auf den Nahrungsmittelmärkten zu beobachten: Die Bevölkerungszahl und der Pro-Kopf-Verbrauch steigen weltweit stärker als das Agrarrohstoffangebot. Wenn dieser Trend in den nächsten Jahren anhält, kommt es ab dem Jahr 2020 zu einer weltweiten Verknappung der Lebensmittel. Abhilfe kann nur eine effizientere Nutzung der vorhanden Flächen und eine Wiederbewirtschaftung von Brachflächen bringen (Schmitz et al., 2009, S. 38).

Die beschriebenen Entwicklungen können gut anhand von Marktdiagrammen nachvollzogen werden, welche in Abbildung 9 im Anhang abgebildet sind und an dieser Stelle nocheinmal kurz beschrieben werden:

1. Weltweit steigt die Nachfrage nach Öl ($N^{\ddot{O}l}$), diese ist einerseits vom Preis für Öl ($p^{\ddot{O}l}$) und andererseits von Preis für Bioenergie ($p^{Bio}$) abhängig.

2. Die Ölproduzenten vermindern auf Grund der Endlichkeit des Rohstoff Öls die Ölförderung wodurch das Angebot für Öl ($A^{\ddot{O}l}$) sinkt.

3. Als Folge dieser Effekte steigt der Preis für Öl ($p^{\ddot{O}l}$).

4. Auf Grund der Substitutivbeziehungen auf der Nachfrageseite zwischen Öl- und Bioenergiemarkt kommt es zu einer Abwanderung der Nachfrager auf den Bioenergiemarkt, auf Grund der hier günstigeren Preise. Als Folge steigt die Nachfrage nach Bioenergie.

5. Im Rahmen der 3. Phase der EU-Agrarpolitik kommt es zum Abbau von Substitutionen für Lebensmittel, als Folge sinkt das Einkommen der Nahrungsmittelproduzenten.

6. Auf Grund der Substitutivbeziehungen auf der Angebotsseite zwischen dem Nahrungsmittel- und Bioenergiemarkt kommt es zu einer Angebotssteigerung für Bioenergie ($A^{Bio}$), da die Nahrungsmittelproduzenten nun Bioenergie anbauen, an Stelle von Nahrungsmitteln. Folglich steigt die Angebotsmenge auf dem Bioenergiemarkt. Wie sich die Preise für Bioenergie entwickeln ist abhängig von der Intensität der Verschiebung von Angebot und Nachfrage und kann nicht genau beurteilt werden.


## 3.2. Politikmaßnahmen zur Bioenergieförderung

### 3.2.1. Internationale Abkommen

Durch die enorme Ölpreiserhöhung in den Jahren 1973/74 rückt die Energieversorgung ins Blickfeld der Wirtschaftspolitik. Um gegen die Ölkrise vorzugehen wird im gleichen Jahr von 16 OECD-Ländern die Internationale Energie Agentur (IEA) gegründet und damit eine Plattform für gemeinsame weltweite energiepolitische Arbeit geschaffen. Eine zentrale Aufgabe sieht die IEA in der Sicherung der internationalen Energieversorgung, dies soll laut IEA durch vermehrte Aufnahme von neuen Energieträgern und Bezugsquellen erreicht werden (Wissenschaftlicher Beirat Agrarpolitik beim BMELV, 2007, S.54). Einen weiteren Auftrieb hat die weltweite energiepolitische Diskussion durch Einflüsse der internationalen Klimapolitik bekommen. Im Kyoto-Protokoll, welches 1997 beschlossen wurde und im Februar 2005 in Kraft trat, verpflichtet sich ein Großteil der Länder zur Einhaltung von konkreter Zielvorgaben, um die Treibhausgasemissionen bis zur Verpflichtungsperiode 2008-2012 um 5,2% gegenüber dem Referenzjahr 1990 zu senken (Henniges, 2007, S. 40; Energieagentur NRW , 2005, S.1).

Diese Ziele beinhalten unter anderem die „Erforschung und Förderung, Entwicklung und vermehrte Nutzung von neuen und erneuerbaren Energieformen, von Technologien zur Bindung von Kohlendioxid und von fortschrittlichen und innovativen umweltverträglichen Technologien [...]" (Vereinte Nationen, 1997, Art. 2(1) a iv)). Zusätzlich zur Verpflichtung der Einhaltung definierter Obergrenzen des $CO_2$-Ausstoßes einigen sich die Vertragsstaaten auf den Gebrauch der drei flexibler Mechanismen: Emission Trading, Joint Immentation und Clean Development Mechanism.

Im Dezember 2008 findet eine UN-Klimakonferenz in Poznań (Polen) statt, weitere Konferenzen folgen im März und Juni 2009 in Bonn und im September 2009 in Bangkok. Ziel der Treffen ist die Vorbereitung auf die Weltklimakonferenz in Kopenhagen im Dezember dieses Jahres, wo ein Nachfolgeprotokoll zum Kyoto-Protokoll beschlossen werden soll. Auch die USA, welche bis heute das Kyoto-Protokoll nicht ratifiziert hat, nimmt nun erstmals wieder an den Verhandlungen teil (bpb, 2009). Im geplanten Klimaabkommen von Kopenhagen sollen sich die Industrieländer zu weitgehenderen Verminderungen ihrer Treibhausgasemissionen verpflichten- „im Schnitt um 25 Prozent bis 40 Prozent bis 2020 im Vergleich zu 1990. Längerfristig sollen es rund 50 oder sogar 80 Prozent Treibhausgas-minderung werden, damit die Erderwärmung in diesem Jahrhundert unter zwei Grad Celsius gehalten werden kann" (Norddeutscher Rundfunk, 2009).


3.2.2.  Maßnahmen auf EU-Ebene

Im Weißbuch für erneuerbare Energien des Jahres 1997 wird von der EU-Kommission das Ziel festgesetzt, den Anteil erneuerbarer Energien am Primärenergieverbrauch auf 12% bis 2010 zu verdoppeln (BMU, 2001, S.1). Der Biomasseanteil sollte dabei auf 135 Mtoe/a (5.628 PJ/a) anwachsen (Wissenschaftlicher Beirat Agrarpolitik beim BMELV, 2007, S.57). Im Grünbuch von 2005 werden Möglichkeiten zur Reduktion des Energieverbrauchs auf 20% bis 2020 vorgestellt. 2001 folgt eine Richtlinie zur Förderung der Stromerzeugung auf Basis von erneuerbaren Energiequellen, diese sieht eine EU-weite Steigerung des Anteils an er-neuerbaren Energien im Bereich der Stromerzeugung auf 20% bis 2010, gegenüber ungefähr 14% im Jahre 1992 vor (Schmitz et al, 2009, S.102 f.). Am 17. Mai 2003 tritt die Richtlinie zur "Förderung der Verwendung von Biokraftstoffen oder anderen erneuerbaren Kraftstoffen im Verkehrssektor" in Kraft. In dieser Richtlinie werden Standards für Mindestanteile an Bio-kraftstoffen und anderen erneuerbaren Kraftstoffen im Kraftstoffmarkt festgelegt. Mit Hilfe dieser Richtlinie soll die Markteinführung von Biokraftstoffen erleichtert werden und damit zugleich ein neuer Absatzmarkt für landwirtschaftliche Rohstoffe erschlossen werden (BMU, 2003). Der im Jahr 2005 erlassene Aktionsplan für Biomasse und die EU-Strategie für Biokraftstoffe (verabschiedet 2006) bekräftigen die bioenergetischen Ziele nochmals und unterstützen diese durch Vorgabe konkreter Mittel zu deren Verwirklichung. Im Rahmen der Berliner Erklärung von 2007 verpflichten sich die Staats- und Regierungschefs zur Realisierung folgender energiepolitischer Ziele:

- Senkung des Energieverbrauchs um 20% durch verbesserte Energieeffizienz, im Vergleich zu dem für 2020 prognostizierten Verbrauch
- Gleichzeitige Steigerung des Anteils erneuerbarer Energien auf 20 % des gesamten Energieverbrauchs
- Anheben des Biokraftstoffanteils auf mindestens 10%. (Schmitz et al., 2009, S. 103).

Innerhalb der EU gibt es keine eigenständige Energiepolitik, sondern die Ziele und Instrumente sind in verschiedenen Politikfeldern angesiedelt (Energie-, Klima-, Beschäftigungspolitik u. a.) (Schmitz et al., 2009, S. 103).

## 4. Fazit und Ausblick

Auf Grund der Endlichkeit fossiler Energieträger ist eine Umstellung auf regenerative Energiequellen langfristig unvermeidlich. Selbst wenn der Erdölverbrauch in den nächsten Jahren konstant bleibt, sind die Erdölbestände in 80 Jahren erschöpft. Dennoch wird die weltweite Energieversorgung in den nächsten zwei bis drei Jahrzehnten vor allem durch fossilen Energieträger erfolgen (siehe Abb. 4). Bioenergie liefert momentan etwa 10% des Primärenergieverbrauchs. Diese Energie wird vor allem durch Wärme-, Strom-, und Kraftstoffproduktion zur Verfügung gestellt. Bei der weltweiten Bioethanolproduktion sind die USA und Brasilien Spitzenreiter, die EU folgt weit abgeschlagen auf Platz drei. Im Bereich der Biodieselproduktion generiert die EU jedoch mehr als zwei Drittel der Produktionskapazitäten.

In den letzten Jahren gab es einen enormen Boom im Bioenergiesektor, die Gründe hierfür sind vor allem in der weltweit wachsenden Nachfrage nach Energie, den steigenden Rohölpreisen, dem Abbau von Preisstützen für Lebensmittel auf den Agrarmärkten, den Bedenken bezüglich der globalen Erwärmung und der Förderpolitik für Bioenergie zu suchen:

- Der *Energiebedarf steigt* auf Grund des wachsenden Rohstoff- und Energiebedarfs in wirtschaftlich aufstrebenden Regionen.

- In Zukunft kann mit *steigenden Preisen für Rohöl* gerechnet werden, bedingt durch die Endlichkeit fossiler Energieträger.

- Durch den *Abbau von Preisstützen im Rahmen der 3. Phase der EU-Agrarpolitik* und der Entkopplung der Direktzahlungen bekommen die Nahrungsmittelproduzenten weniger Geld. Auf Grund der bestehenden Substitutivbeziehungen auf der Anbieterseite zwischen Nahrungsmittel- und Bioenergiemärkten und in Folge begrenzter Agrarflächen, schwenken die Nahrungsmittelproduzenten in den staatlich geförderten Bioenergiesektor um.

- Im Kyoto-Protokoll verpflichten sich die teilnehmenden Staaten zur Reduzierung der Treibhausgasemissionen um die globale Erwärmung in den kommenden Jahren einzudämmen. Biokraftstoffe sparen $CO_2$ ein und sind werden daher für die Umsetzung der Reduktionsziele eingesetzt (Agentur für Erneuerbare Energien e.V., 2008, S.26). Auch auf EU-Ebene gibt es zahlreiche Fördermaßnahmen aus verschiedenen Politikfeldern, eine einheitliche Bioenergiepolitik fehlt jedoch noch.

Anknüpfend an die vorangegangene Analyse der aktuellen Bedingungen der Bioenergie soll nun eine Prognose der zukünftigen Rolle der Bioenergie im Kontext der Nahrungsmittelsicherheit erfolgen.

In den kommenden 20 bis 25 Jahren wird es zu einer Verdopplung der Nachfrage nach Lebens- und Futtermitteln kommen, ursächlich hierfür sind das starke Bevölkerungswachstum und die sich ändernden Essgewohnheiten. Parallel zu dieser Entwicklung wird auch die Nachfrage nach Ölsaaten, Getreide und pflanzlichen Ölen für Bioenergieproduktion steigen, wegen der Endlichkeit fossiler Energieträger. Auf Grund der begrenzten Ackerfläche kommt es zu einer Flächenkonkurrenz zwischen Bioenergie- und Nahrungsmittelsektor. Die Lage wird noch verschärft durch zunehmende Bewässerungsprobleme und Klimaveränderungen (Schumacher, 2008, S.6 ff.), so sinkt die landwirtschaftlichen Produktivität in den Entwicklungsländern bis 2080 enorm. In vielen lateinamerikanischen, südasiatischen, pazifischen, afrikanischen, sowie Ländern des Nahen Ostens werden Rückgänge von mehr als 25 % erwartet (BMZ, 2008, S.1). Zwar verzeichnen einige Länder Überschüsse, diese gelangen auf Grund unzureichenden Handels jedoch nicht immer an die Orte wo sie dringend gebraucht werden. Experten prognostizieren Versorgungsengpässe in den kommenden 20 bis 25 Jahren, verursacht durch eine Verdopplung der nachgefragten Lebensmitteln, (Schumacher, 2008, S.6 ff.), die durch das Lebensmittelangebot nicht mehr gedeckt werden kann (Schmitz et al, 2009, S. 42). Das Potenzial für Bioenergie ist daher relativ gering. Dies lässt sich mit einer einfachen Rechnung veranschaulichen. Angenommen der Anteil der Bioenergie an der globalen Versorgung (momentan 10%) soll verdoppelt werden, ist dafür eine zusätzliche Fläche von 500 Mio. ha nötig. Unter Berücksichtigung des Faktes, dass die momentane Agrarfläche nur 1,5 Mrd. ha umfasst (Wissenschaftlicher Beirat Agrarpolitik beim BMELV, 2007, S.212) scheint die Lösung dieser Aufgabe schier unmöglich, wenn man die Versorgungsengpässe nicht noch beschleunigen möchte.

Soll dennoch ein Nebeneinander von Bioenergie und Nahrungsmitteln in den nächsten Jahren gewährleistet werden, muss die derzeitigen Anbaufläche vergrößert werden, dies ist durch Erschließung von bisher landwirtschaftlich ungenutzten Flächen in Russland, Ukraine, Kasachstan, Südamerika und Südafrika möglich. Auch müssen die bereits vorhandenen Flächen effizienter genutzt werden. Auch technischer Fortschritt in Form von Produktionssteigerungen könnte die Lage verbessern, wenn dadurch beispielsweise der eingesetzte Rohstoffinput verringert werden könnte, bei gleichbleibendem Nahrungsmittel-/ Biomasseoutput. Dies könnte im Bioenergiesektor durch Weiterentwicklung von Technologien wie das in Punkt 2.2. beschreibende BtL- Verfahren realisiert werden. Zudem müssen Handelhemmnissen abgebaut werden sowie die Infrastruktur verbessert werden, damit die Produkte schnell und kostengünstig transportiert werden können (Schumacher, 2008, S. 9 ff.). Zukünftig ist eine Orientierung des Agrarpreisniveaus am Erdölpreis zu erwarten. Steigen die Erdölpreise werden immer mehr Agrarrohstoffe in den Bioenergiesektor fließen, sinken die Erdölpreise wird ein gegenläufiger Trend zu beobachten sein.

Die Ankopplung der Agrar- an die Energiepreise kann sich als Wettbewerbsnachteil für einige EU-Länder erweisen, je mehr die Erdölpreise steigen. Steigende Rohölpreise versprechen zwar wachsende Erlöse im Bioenergiesektor, jedoch verursachen sie höhere Kosten für Agrarrohstoffe, diese stellen normalerweise die bedeutendste Kostenkomponente der Bioenergieanlagen dar. Ohne Förderung wird die Biokraftstofferzeugung in der EU nicht rentabel sein.

Auf Grund der starken Nachfrage im Lebensmittelsektor werden die Preise für Nahrungsmittel steigen. Langfristig werden zusätzliche Agrarfläche für die Nahrungsmittelproduktion benötigt, zu Ungunsten der Flächen für die Biomasseerzeugung (Wissenschaftlicher Beirat Agrarpolitik beim BMELV, S.212). Abschließend ist zu erwähnen, dass die Priorität im Bezug auf die Flächenkonkurrenz immer bei der Nahrungsmittelerzeugung liegt (Schumacher, 2008, S. 9 ff.).

# Literaturverzeichnis

**British Broadcasting Corporation [BBC] (2008):** The cost of food: Facts and figures. http://news.bbc.co.uk/1/hi/world/7284196.stm (Zugriff am 03.06.2009)

**Büro für Technikfolgenabschätzung des Deutschen Bundestages (2006):** Perspektiven eines $CO_2$- und emissionsarmen Verkehrs- Kraftstoffe und Antriebe im Überblick. Arbeitsbericht Nr. 111. http://www.tab.fzk.de/de/projekt/zusammenfassung/ab111.pdf (Zugriff am 01.06.2009)

**Bundesministerium für Ernährung, Landwirtschaft und Verbraucherschutz [BMELV] (2009):** Studie über die Realisierung von Biomass- to-Liquid- Produktion. Neue Biokraftstoffe haben großes Potenzial. http://www.bmelv.de/nn_1081138/DE/081-NachwachsendeRohstoffe/Biokraftstoffe/BtL-Realisierungsstudie.html (Zugriff am 26.05.2009)

**Bundesministerium für Umwelt, Naturschutz und Reaktorsicherheit [BMU] (2008):** Erneuerbare Energien in Zahlen, Nationale und internationale Entwicklung. Bonifatius GmbH, Paderborn

**Bundesministerium für Umwelt, Naturschutz und Reaktorsicherheit [BMU] (2003):** Richtlinie 2003/30/EG des Europäischen Parlaments und des Rates zur "Förderung der Verwendung von Biokraftstoffen oder anderen erneuerbaren Kraftstoffen im Verkehrssektor". http://www.erneuerbare-energien.de/inhalt/4736/ (Zugriff am 01.06.2009)

**Bundesministerium für Umwelt, Naturschutz und Reaktorsicherheit [BMU] (2001):** EU-Richtlinie zur Förderung der Erneuerbaren Energien ist in Kraft getreten. http://www.erneuerbare-energien.de/files/pdfs/allgemein/application/pdf/richtlinie_erneuerbare.pdf (Zugriff am 01.06.2009)

**Bundesministerium für Wirtschaft und Arbeit [BMWi] (2005):** Energiewirtschaftliche Referenzprognose. Energiereport IV – Kurzfassung, Wernigerode

**Bundesministerium für wirtschaftliche Zusammenarbeit und Entwicklung [BMZ] (2008):** BMZ Factsheet. Steigende Nahrungsmittelpreise und ihre entwicklungspolitischen Auswirkungen. http://www.bmz.de/de/zentrales_downloadarchiv/Presse/fact_sheet_nahrungsmittelpreise_080 421.pdf (Zugriff am 03.06.2009)

**Bundeszentrale für politische Bildung [bpb] ( 2009):** UN-Klimakonferenz in Bonn.
http://www.bpb.de/themen/PU2AO4,0,UNKlimakonferenz_in_Bonn.html
(Zugriff am 02.06.2009)

**Deutsche Energie-Agentur GmbH (2009):** Ölpreisentwicklung. http://www.thema-
energie.de/energie-im-ueberblick/zahlen-daten-fakten/energiekosten/oelpreisentwicklung.html
(Zugriff am 02.06.2009)

**Energieagentur NRW (2005):** CDM Beginners Guide. http://www.transferstelle-
emissionshandel-hessen.de/mm/EANRW_cdmbeginnersguide__060206.pdf (Zugriff am 28.05.2009)

**Fachagentur Nachwachsende Rohstoffe (2008):** Bioenergy, Hürth

**Agentur für Erneuerbare Energien e.V. (2008):** Der volle Durchblick in Sachen Bioenergie, Berlin

**FAO (2009): World Food Situation. Food Price Indices.**
http://www.fao.org/worldfoodsituation/FoodPricesIndex/en/ (Zugriff am 03.06.2009)
**Grimm P. , F.W. Sonntag (2007):** Biosprit macht Lebensmittel teuer.
http://www.mdr.de/fakt/4865266.html (Zugriff am 14.06.2009)

**Hartmann H. Et al. (2002):** Biomasse als erneuerbarer Energieträger. Eine technische, öko-
logische und ökonomische Analyse im Kontext der übrigen erneuerbaren Energien; 2. Auflage, Münster

**Haub Carl (2007):** Global Aging and the Demographic Divide.
http://www.prb.org/Articles/2008/globalaging.aspx (Zugriff am 03.06.2009)
**Heißenhuber A. (2008):** Jeder will ein Stück vom Kuchen haben. Kosten und Preisbildung
bei Lebensmitteln. http://www.asg-goe.de/pdf/ZIV08_bw_Vortrag02_heissenhuber.pdf
(Zugriff am 08.06.2009)
**Henniges O. (2007):** Die Bioethanolproduktion. Wettbewerbsfähigkeit in Deutschland unter
Berücksichtigung der internationalen Konkurrenz, 2.Auflage, Josef Eul Verlag, Lohmar

**Holdren P. (2007):** Energy Policy in Theory & Practice.
http://www.agiweb.org/events/LF2007/Holdren-LF07.ppt (Zugriff am 26.05.2009)
**International Agency (2007):** Renewables in global energy supply. An IEA Fast Sheet. Paris

**Isermeyer F. Et al.** (2005): Vergleichende Analyse verschiedener Vorschläge zur Reform der Zuckermarktordnung– eine Studie im Auftrag des Bundesministeriums für Verbraucherschutz, Ernährung und Landwirtschaft. Landbauforschung Völkenrode, Braunschweig

**Kaltschmitt M., W. Streicher., A. Wiese (2006):** Erneuerbare Energien Systemtechnik, Wirtschaftlichkeit, Umweltaspekte; 4. Auflage; Berlin, Heidelberg

**Klauser E. (2008):** Weltmacht auch bei Ethanol – USA setzen voll auf die Produktion von Biotreibstoffen. http://www.bauernzeitung.at/index.php?id=2500%2C35383%2C%2C%2-CeF9JTklUX0 (Zugriff am 10.06.2009)

**Norddeutscher Rundfunk (2009):** UN-Klimakonferenz in Bonn "Obama ist kein Heilsbringer". http://www.tagesschau.de/impressum/#ardaktuell (Zugriff am 02.06.2009)

**Renewable Fuels Association [RFA] (2008):** 2008 World Ethanol Production. http://www.ethanolrfa.org/resource/facts/trade/ (Zugriff am 25.05.2009)

**Schmidt J. (2008):** Die Produktion von Biosprit treibt den Maispreis an. http://www.sueddeutsche.de/politik/422/434170/text/ (Zugriff am 14.06.2009)

**Schmitz P. M., et al. (2009):** Potenziale der Bioenergie. Chancen und Risiken für landwirtschaftliche Unternehmen, Frankfurt am Main

**Schumacher K. D. (2008):** Bioenergie versus Nahrungsmittel – die Konkurrenz um landwirtschaftliche Flächen auf den Weltagrarmärkten. www.ost-ausschuss.de/pdfs/19_01_2008_globaler_wettbewerb_schumacher_fachsymposium.pdf (Zugriff am 09.06.2009)

**Scott B., et al. (2009):** Biofuels Impact on Crop and Food Prices: Using an Interactive Spreadsheet. http://www.federalreserve.gov/pubs/ifdp/2009/967/ifdp967.htm (Zugriff am 19.05.2009)

**Tangermann S. (2009):** Biosprit treibt Preis für Nahrung in die Höhe. http://www.welt.de/welt_print/article2959269/Biosprit-treibt-Preise-fuer-Nahrung-in-die-Hoehe.html (Zugriff am 14.06.2009)

**Tecson Digital (2009):** Weltmarktpreise für Rohöl. http://www.tecson.de/prohoel.htm (Zugriff am 13.06.2009)

**Umweltbundesamt (2009):** Verordnung über die Erzeugung von Strom aus Biomasse (Biomasseverordnung). http://www.umweltbundesamt.de/luft/infos/gesetze/gesetze_pdf/Biomasseverordnung.pdf (Zugriff am 21.04.2009)

**UNEP/GRID-Arendal (2009):** FAO Food price index (FFPI). http://maps.grida.no/go/graphic/fao-food-price-index-ffpi (Zugriff am 15.06.2009)

**United Nations [UN] (2008):** World Population Prospects: The 2008 Revision. http://www.un.org/esa/population/publications/wpp2008/wpp2008_text_tables.pdf (Zugriff am 03.06.2009)

**Wissenschaftlicher Beirat Agrarpolitik beim Bundesministerium für Ernährung, Landwirtschaft und Verbraucherschutz [BMELV] (2007):** Nutzung von Biomasse zur Energiegewinnung, Empfehlungen an die Politik. http://www.bmelv.de/nn_751706/SharedDocs/downloads/14-WirUeberUns/Beiraete/Agrarpolitik/GutachtenWBA,templateId=raw,property=publicationFile.pdf/GutachtenWBA.pdf (Zugriff am 19.05.2009)

**Anhang**

**Abbildungsverzeichnis**

*Abbildung 1: Anteile verschiedener Energieträger am Primärenergieverbrauch*

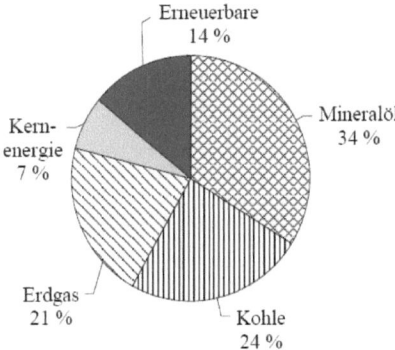

Quelle: Wissenschaftlicher Beirat Agrarpolitik beim BMELV, 2007, S. 4

*Abbildung 2: Kraftstoffanteile des weltweiten Primärenergieverbrauchs*

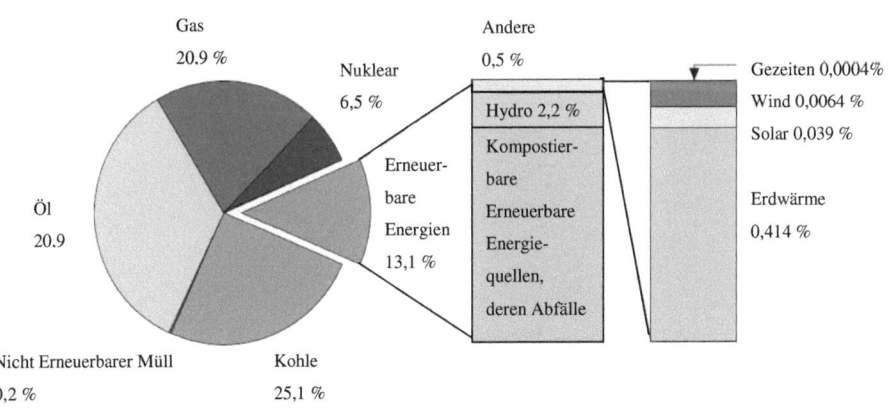

Quelle: Eigene Darstellung nach International Agency, 2007, S. 3

*Abbildung 3: Entwicklung der Energieversorgung nach Energieträgern 1850-2000*

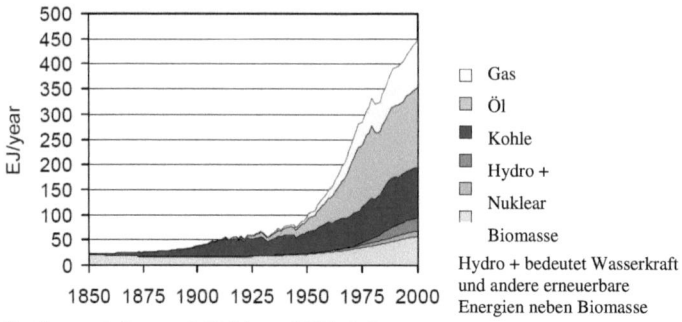

Quelle: verändert nach Holdren, 2007, S. 8

*Abbildung 4: Bisherige und zukünftige Entwicklung des Energieverbrauchs, weltweit*

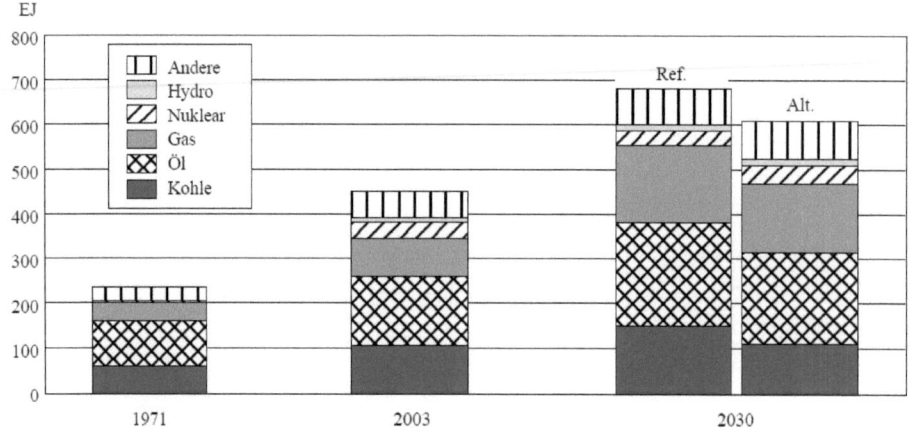

2030 Ref.: Referenzszenario (Fortsetzung derzeitiger Politikmaßnahmen)
2030 Alt.: Alternativszenario (starke energiepolitische Eingriffe)

Quelle: Wissenschaftlicher Beirat Agrarpolitik beim BMELV, 2007, S. 5

*Abbildung 5: Entwicklung der Rohöl-Weltmarktpreise*

Quelle: Tecson Digital, 2009

*Abbildung 6: Preisentwicklung für Energieträger 1995-2030*

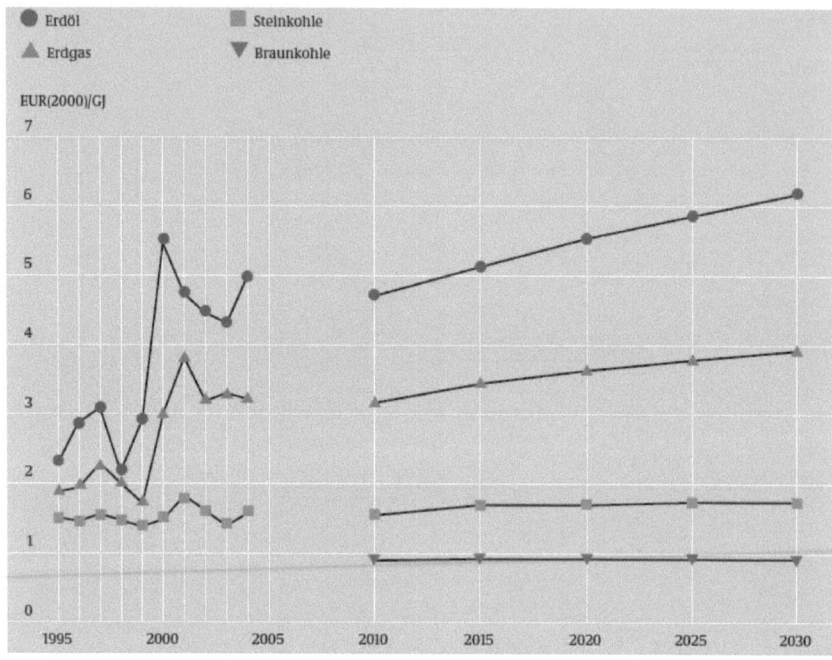

Quelle: BMWi, 2005, S. 20

*Abbildung 7: Entwicklung des FAO Preisindex 1900-20009*

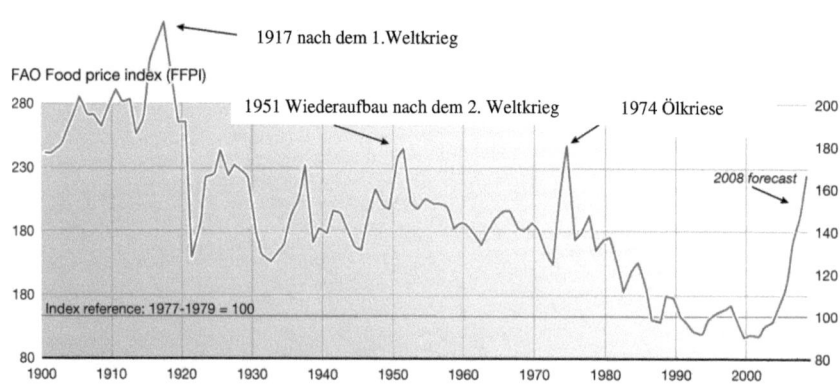

Quelle: verändert nach UNEP/GRID-Arendal, 2009

*Abbildung 8: Weltbevölkerungswachstum, 1950-2050*

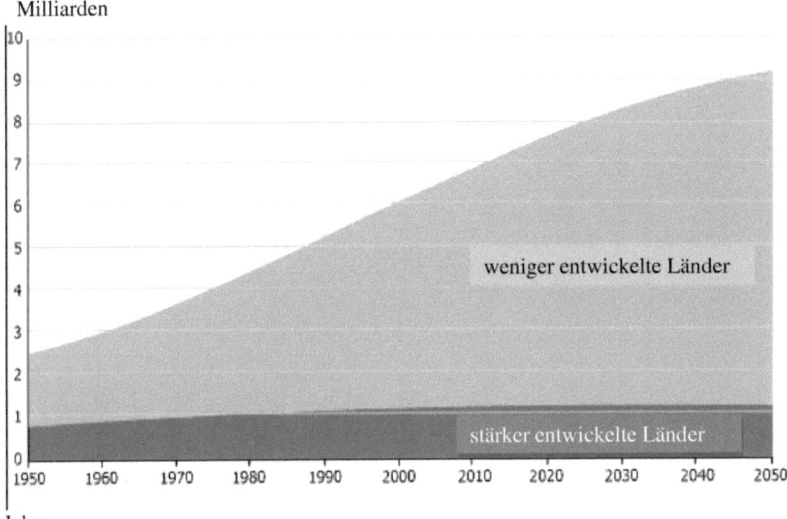

Quelle: verändert nach Carl Haub, 2007

*Abbildung 9: Entwicklungen auf den Energiemärkten*

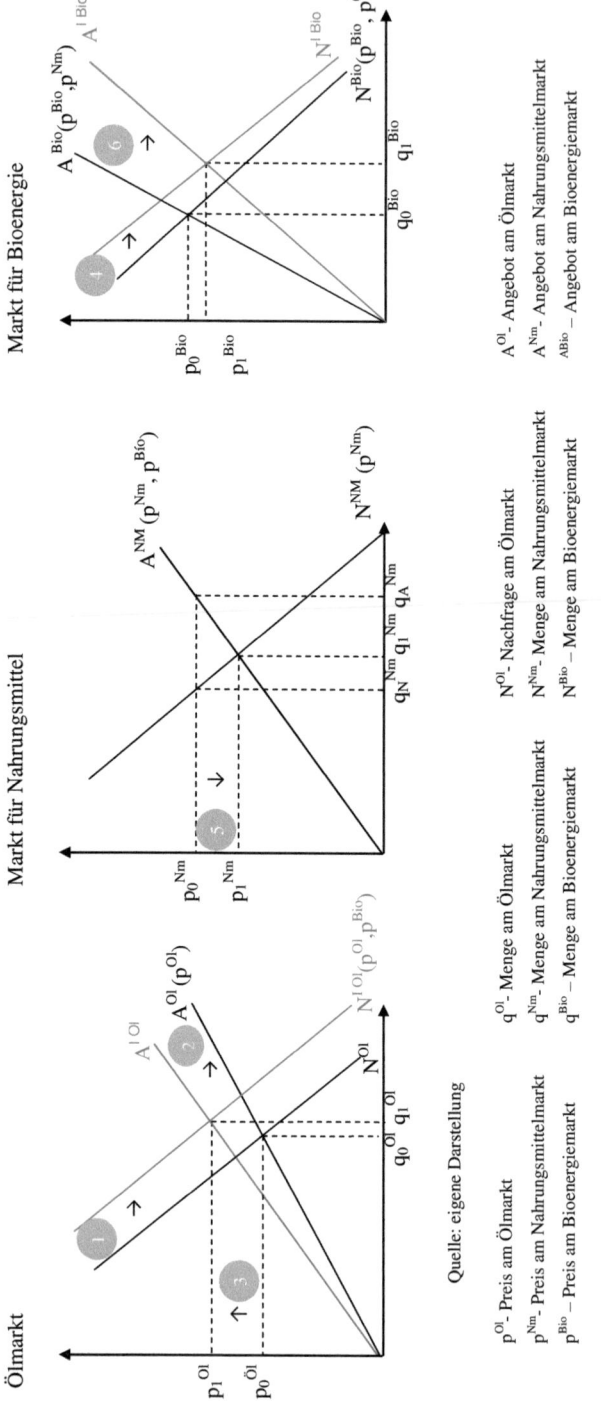

Ölmarkt    Markt für Nahrungsmittel    Markt für Bioenergie

Quelle: eigene Darstellung

$p^{Ol}$ - Preis am Ölmarkt          $q^{Ol}$ - Menge am Ölmarkt          $N^{Ol}$ - Nachfrage am Ölmarkt          $A^{Ol}$ - Angebot am Ölmarkt
$p^{Nm}$ - Preis am Nahrungsmittelmarkt   $q^{Nm}$ - Menge am Nahrungsmittelmarkt   $N^{Nm}$ - Menge am Nahrungsmittelmarkt   $A^{Nm}$ - Angebot am Nahrungsmittelmarkt
$p^{Bio}$ - Preis am Bioenergiemarkt   $q^{Bio}$ - Menge am Bioenergiemarkt   $N^{Bio}$ - Menge am Bioenergiemarkt   $A^{Bio}$ - Angebot am Bioenergiemarkt

24

# Tabellenverzeichnis